Sätze über fluiddynamische Wirbelspulen

Michel Felgenhauer

Bibliografische Information der Deutschen Nationalbibliothek:

Die Deutsche Nationalbibliothek verzeichnet diese Publikation in der Deutschen Nationalbibliografie; detaillierte bibliografische Daten sind im Internet über http://dnb.d-nb.de abrufbar.

ISBN: 9783346804549
Dieses Buch ist auch als E-Book erhältlich.

Sätze über fluiddynamische Wirbelspulen

Theorems on fluid dynamical vortex coils

Michel Felgenhauer, Berlin 2023

Wirbelfäden, die helikale Systeme bilden, sind in der experimentellen Fluidmechanik bekannt. Im Labor und am Windkanal werden fluidmechanische Wirbelspulensysteme beobachtet, vermessen und phänomenologisch beschrieben. Die experimentelle Forschung zu fluidmechanischen Wirbelspulen findet in den 80er Jahren des vergangenen Jahrhunderts ihren Höhepunkt. Zu dieser Zeit existiert jedoch keine Theorie fluidmechanischer Wirbelspulen und auch kein physikalisches Modell, das die Existenz von Wirbelspulen verifiziert oder systemeigene Parameter untersucht und bestimmt.

Neuere feldtheoretische Untersuchungen und numerische Modellrechnungen legen prinzipielle Eigenschaften fluidmechanischer Wirbelspulen frei und eröffnen eine Diskussion über ihre Bedeutung in der belebten Natur und ihrer technischen Nutzung im Sinne der anwendungsbezogenen Bionik.

Vortex filaments forming helical systems are well known in experimental fluid mechanics. Fluid-mechanical vortex coil systems are observed, measured and phenomenologically described in the laboratory and in the wind tunnel. Experimental research on fluid-mechanical vortex coils peaked in the 1980s. At this time, however, there is no theory of fluid-mechanical vortex coils and no physical model that verifies the existence of vortex coils or investigates and determines intrinsic parameters.

Recent field-theoretical investigations and numerical model calculations uncover the basic properties of fluid-mechanical vortex coils and open up a discussion about their importance in living nature and their technical use in the sense of application-related bionics.

Stichworte: helikale Systeme, Wirbelspulen, fluidmechanische Induktion, Impulsforderung.

Aus dem Inhalt

Kommunizierende Wirbelfäden

Wirbel bezeichnen in der Strömungslehre eine drehende Bewegung von Fluidelementen. Leonhard Euler führt um 1755 die Bewegungsgleichung einer reibungslosen inkompressiblen Flüssigkeit ein und begründet damit die moderne Fluiddynamik. Er benennt das fundamentale Konzept des Wirbel-Vektors, der heutigen Rotation (□□□□). Auf Joseph-Louis Lagrange geht die für Strömungsfelder bedeutsame Potentialtheorie zurück, aus der sich um 1800 die Feldtheorien entwickeln. Lagrange veröffentlicht wissenschaftlichen Arbeiten über Differentialgleichungen und Variationsrechnung. William Thomson (Lord Kelvin) findet das Zirkulationstheorem und steht Mitte des 19ten Jahrhunderts in Korrespondenz mit Hermann von Helmholtz in Berlin, der die Stabilität von Wirbeln in Raum und Zeit in reibungslosen Flüssigkeiten erkennt. Helmholtz's Fundamentalsatz der Kinematik (1858) betrifft die allgemeine Ortsveränderung eines deformierbaren Körpers hinreichend kleinen Volumens als Summe aus Translation, Rotation und Deformation. Grundsätzlich gilt:

Satz 0:   **Wirbelfäden in einem Feld, organisieren dieses Feld durch Impuls-Induktion.**

Verlassen zwei Wirbelfäden[1] ein gemeinsames Erzeugendensystem, beispielsweise ein Auftrieb erzeugendes Aggregat mit zwei benachbarten Wirbelquellen und besitzen beide Wirbelfäden den gleichen Drehrichtungssinn, dann beginnen diese Wirbelfäden miteinander um eine gemeinsame Achse zu rotieren!

Satz I: **Zwei oder mehrere, im gleichen Abstand benachbarte, Wirbelfäden induzieren ein spiraliges Wirbelsystem in das Feld.**

Dieser Satz, so oder ähnlich gesprochen, beherrscht die Lehrmeinung über fluidmechanische Wirbelspulen. In den letzten 30 Jahren. Wir haben das Phänomen zu nächst NUR beobachtet. Im Windkanal. ABER sehr oft: das Wechselwirken von Wirbelquellen im Nachlauf einer Formation von Wirbelfäden.

Was aber bedeutet es, wenn Wirbelfäden eine Bewegung benachbarter Wirbelfäden verursachen? (I) Die fluidische Beaufschlagung stammt aus der „Induktion von Geschwindigkeit" im Feld. Die Impulsinduktion der Wirbelfäden in das Feld ist bedingend Ursache für die „Bewegung" einer anderen fluidischer Nachbarschaft! Diese fluidische Sphäre ist selbst wieder ein Wirbelfaden in unserem speziellen Fall. Offenbar sind Wirbelfäden, also sind Lagrange Kohärente Systeme, prinzipiell in der Lage, andere Lagrange Kohärenten Systeme, also Wirbelfäden, in eine definierte Bahn zu zwingen. Flussabwärts. In unserem Windkanal wurde dieser bemerkenswerte fluidmechanische Effekt wieder und wieder beobachtet und die eine und andere Forschungslinie hergeleitet. Für ein stehendes Fluid wurde der Effekt NIE dokumentiert. (II) Die fluidische Beaufschlagung stammt aus der „Induktion von Geschwindigkeiten" im Feld. Die fluidische Beaufschlagung führt auf ein helikales Bewegungssystem in einem stehen Feld.

Satz II: Ein spiraliges System, das aus der Induktion benachbarter Wirbelfäden stammt, ist selbst ein rotierendes System von Wirbelfäden.

Wie sollen wir uns ein rotierendes System aus Wirbelfäden in einem stehenden Fluid vorstellen? Na, genau so: Die Wirbelfäden bilden ein „mantelförmiges System", das rotiert! Rotieren, in einem stehen Feld? Das ist doch unglaublich aufwändig! Sollte dies wirklich zutreffen, wäre die fluidmechanische Konsequenz überwältigend, denn: jedes spiralige System, das aus der Induktion benachbarter Wirbelfäden stammt, hinterlässt im stehenden Feld ein komplexes rotierendes System von spiralig angeordneten Wirbelfäden. Das ist nicht weniger als ein „fluiddynamischer Schlauch"! aus geordneten Wirbelfäden. Also gut. Man stelle sich dieses fluidmechanische Chaos vor, in einem Feld vor und einem Schwarm aufgescheuchter Spatzen auf dem Balkon. Nein. Es ist absolut NICHT vorstellbar. So das Problem, wir sagen: schade, und: „ihr blöden Spatzen. Hört einfach auf, mir auf den Balkon zu kacken!" Das Gute dabei: es ist absolut irrelevant! Für unsere Fragestellungen und hinsichtlich fluidmechanischer Wirbelspulen.

Die bewegte Wirbelspule in einem Feld ist einfach nur ein bewegter Wirbelkörper in einem Feld! Also gut. Das hat fast die Qualität eines Satzes III.

Satz III: Das spiralige Systems aus Wirbelfäden wird beschrieben durch Geometrieparameter die aus der Induktion stammen und seiner Dynamik, die aus dem inneren Milieu der Wirbelfäden herrührt.

Die Geometrie des spiraligen Systems ist gegeben durch den Durchmesser über die Bahnen der Wirbelfäden. Die Dynamik des spiraligen Systems aus Wirbelfäden wird beschrieben durch die Parameter: III.a: die Rotation der Mantelstruktur. III.b: die spez. Impulsmächtigkeit im Inneren der Spirale.

Extensität

Die Zirkulation ist sehr wahrscheinlich eine extensive Größe, warum? Ganz sicher ist die Zirkulation konservativ und strebt mit der Zeit einem Minimum zu. Hinterfragen wir das jetzt zuerst vom Prinzip her: In der Naturwissenschaft und in der Technik hat man es mit zwei Typen von Größen zu tun: extensive Größen und intensive Größen. Extensive Größen dürfen (sinnvoll) addiert werden, sie sind superponierbar![2] Die Zirkulation ist anschaulich die (Rotations-) Geschwindigkeit (LT^{-1}) mal einer Längeneinheit m (L), beispielsweise in einem Wirbelfaden-sektor der Länge Δs . Und damit eine extensive Größe. Intensive Größen hingegen sind „spezifisch!"[3]

Extensive Größen sind (streng) kumulativ. Diese Eigenschaft ist in einem numerischen Modell bedeutsam, immer dann, wenn Feldgrößen (nur) in einem iterativen Verfahren ermittelt werden können. Dieser Umstand trifft zu für die Bilanz des spezifischen Impulses über ein Feld. Die Eigenschaft der Superponierbarkeit spielt dann eine Rolle, wenn so genannte „Erzeugen-densysteme" fluidmechanischer Wirbelspulen diskutiert werden. Eine Zirkulation generierende Auftriebstragfläche besitzt eine beschreibbare Zirkulation Γ (L^2T^{-1}) an ihren Randbögen. Aufgrund der Extensität der Zirkulation, dürfen wir fortan davon ausgehen, dass ein in „i Gefiederfinger aufgefächerter Randbogen" einer (in diesem Fall biologischen) Auftrieb generierenden Tragfläche eine Partikular-Zirkulation besitzt: $\Gamma_{TOTAL} = \Sigma_i\ \Gamma_{pi}$.

Impulsforderung

Die Sätze I, II und III führen auf eine Impulsforderung des Feldes. Impulsforderung herrscht, weil Superponierbarkeit gilt. Die Wirbelfäden in einem Feld sind zusammenhängend (kohärent) und sie sind ihrer Natur nach richtungsabhängig (Lagrange) und sie induzieren Impulswirkung in das gesamte Feld. Jedes Lagrange Kohärente System (LCS)[4] induziert eine Impulsmächtigkeit in das gesamte Feld. Die Impulsforderung des Feldes antizipiert die vollständige Impuls-induktion durch das LCS und in das Feld (Brutto-Indiktion). Im Gegensatz zur tatsächlich messbaren Impulswirksamkeit (Netto-Induktion) des Lagrange Kohärente Systems.

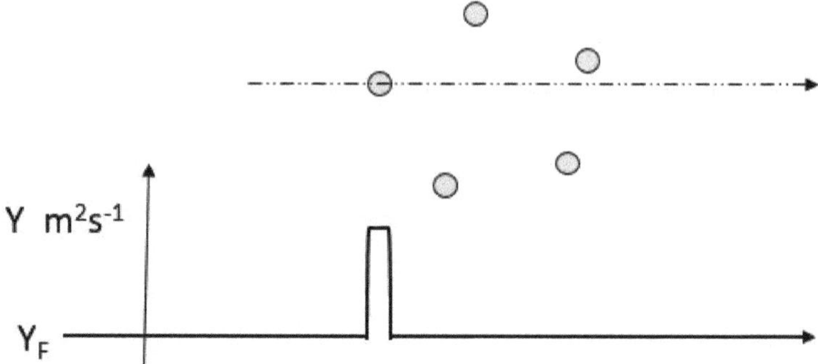

Abb. 1: Der Gradient einer Zirkulation über den Querschnitt einer fluidmechanischen Wirbelspule mit „fünf" Wirbelfäden.

Die Sätze I, II und III beschreiben Modelle fluidmechanisch wirksamer Wirbelfäden-Systeme. Die physikalische Wechselwirklichkeit der hier beschriebenen Modelle ist aber von der fluidischen Realität verschieden. In der Wirklichkeit sind die Wirbelfäden eindimensionale Kompositionen. In der realen Strömung nähern die Wirbelfäden einen „proper Vortex" ($_pV$, nur) an. Proper Vortex $_pV$ ist in der Realität ein Wirbel immer dann, wenn er dicht und kompakt ist, sein Grenzwert ist der eindimensionale Faden im Feld. Im Feld registrieren wir einen Gradienten des bislang unbekannten Parameters Y mit der Einheit m^2s^{-1}. (L^2T^{-1}). Während der Parameter Y <u>im Feld</u> die Größenordnung der Stoffkonstante der (messbaren) kinematischen Viskosität Y_F=▯ annimmt, besitzt er <u>im Wirbelfaden</u> die relevante Größe des inneren Milieus dort, die (messbare) Zirkulation Y_F=▯ des Wirbelfadens. Y könnte nun beides sein oder etwas Neues! Leider kennen wir die nähere Bedeutung des Parameters Y [m^2s^{-1}] bislang nicht. Natürlich bestehen Hinweise. Ein Merkmal zusam-menhängender Lagrange Kohärenter Strukturen ist deren Systemgrenze zum restlichen Strömungsraum, gebildet durch eine separierte beschleunigte Scherschicht als Oberfläche, die einen Geschwindigkeits-gradienten besitzt. Der „FiniteTime-Lyapunov-Exponenten (FTLE)" beschreibt genau diesen Umstand[5]. Leider besitzt er die Dimension [LT^{-1}]. Anderenorts wurden theoretische Grundlagen eines implizit pfadabhängigen Ansatzes erforscht (Lagrange Implicite Vorticity Theorie, LIV)[6]. Erste Überlegungen zu einem Ansatz fluidischen Objekten impliziter Zirkulation erarbeiteten Cassey[7] und Naghdi bereits im Jahre 1991. Ein Blick (zurück) auf die hamilton'sche Mechanik (1834) legte Ende der 2010er Jahre die Einbindung einer LIV in die Konzepte gitterfreier Berechnungsverfahren nahe. Danach bestimmen die hamiltonschen Bewegungsgleichungen, wie sich die Orte und Impulse der Teilchen (bei Vernachlässigung von Reibung) mit der Zeit ändern[8]. Die Integration Lagrange Kohärenter Systeme in Smoothed-particle hydrodynamics (SPH) erfolgte erstaunlicherweise bislang nicht! Obwohl viel einfacher zu beherrschen, hinkt die Berechnungs- Modellierungs- und Simulationswirklichkeit (im Sinne einer Wechselwirklichkeit) der fluidmechanischen Realität des Windkanalexperiments massiv hinterher. Daran ändert auch die hier verfolgte Rede nichts.

Induktionswirksamkeit, Berechnung. Das Gesetz von Biot und Savart fußt auf einer sehr speziellen Interpretation der sehr allgemeinen Feldtheorie. In der Elektrotechnik beschreibt das Gesetz von Biot und Savart in 3D-karthesischen Koordinaten eine vektorielle magnetische Feldstärke $\underline{H}$ = (H_x,H_y,H_z) als eine Funktion des elektrischen Stromes I; in der Fluidmechanik beschreibt das Gesetz von Biot und Savart in 3D-karthesischen Koordinaten die induzierte Geschwindigkeit v_i(u,v,w) als Funktion der Zirkulation Γ.

Elektrodynamik

Fluidmechanik

$$\underline{H} = (I/4\pi) \cdot {_1}\!\int^2 (\underline{r} \times d\underline{s}) / r^3 \qquad \underline{v}_i = (\Gamma/4\pi) \cdot {_1}\!\int^2 (\underline{r} \times d\underline{s}) / r^3$$

* Eine ausführliche Behandlung in Felgenhauer (2022) in[9] [10]

Selbstorganisation

Im Design- und Gestaltungsbereich gehörte in den 80er Jahren der Begriff der Poiesis[11] zu den Schlüsseln der herrschenden Forschungs- und Entwicklungsbemühungen um die Chaos-Theorie. Artifizielle AutoPoiesis schien machbar![12]. Gemeint war die Fähigkeit eines Systems „aus sich selbst heraus" Struktur zu schaffen. Poiesis besaß darüber hinaus den Duktus der Einzigartigkeit des Auftauchens „neuer Eigenschaften, der Emergenz". Emergenz und Selbstorganisation waren trotz Allem und in dieser Zeit erstaunlicherweise ein schlecht untersuchte Phänomene, beobachtet in der belebten Natur, unter Anderem und sollte es bleiben[13]. Artifizielle selbstorganisierte Systeme besaßen den Nimbus einer solitären Randerscheinung. Autopoiesis natürlicher Vorgänge betraf in diesem Zusammenhang ordnende Prozesse, wie sie in der belebten Natur und später auch in der unbelebten Natur gemessen, analysiert und in einer wiederum späteren Phase sogar modelliert und simuliert werden konnten. Gleichsam und gleichzeitig wuchsen numerische Modelle der Strömungssimulation heran[14]. Zu genau dieser Zeit wurde die fluidmechanische Wirbelspule in ausgesuchten Laborexperimenten am Windkanal entdeckt und untersucht. Es lag also auf der Hand, die Entstehung fluidmechanischer Wirbelspulen als eine Art Beweislage zu formulieren. Die Selbstorganisation der fluidmechanischen Wirbelspule beginnt an ihrem Entstehungsort. Das Erzeugendensystem beginnt genau dort, wo das Flugsystem beginnt, in das unbewegte Fluid zu „schneiden, mit seiner Arbeit". Jetzt und genau in diesem Moment beginnt die Induktion in das Feld: die Impuls-Induktion des Wirbelfadens I in das unbewegte Feld. Und genau dort (am Entstehungsort) beobachten wir die „Impuls- und Geschwindigkeitsentwicklung" des bislang unberührten Wirbelfadens. Und aller Anderen. Die Form determiniert das Geschehen (theoretisch). Die Induktion von Impuls in ein stehendes Fluid ist immer gekennzeichnet von Quellpunkten, die induzieren und von Aufpunkten im Feld, in das induziert wird. Die Simulation einer Impulsinduktion führt zu dem (erstaunlichen) Ergebnis, dass in einem stehenden Fluid Masseteilchen zeitlich bereits vor der bevorstehenden Induktion vom Wechselwirkungsgeschehen erfasst werden. Die Systemgrenzen der Simulation einer materiellen Induktion in das Feld sind also zeitlich und geometrisch nichtstationär und seitens des Prozesses transient anzulegen.

Abb.2: Eine finite, fünfgängige Wirbelspule, die kaskadiert angefacht wird in schematischer Darstellung. Das Strömungsbild in der Ebene der Seele der Wirbelspule (aus einer Simulation mit dem Prg.-System Vinduz).

Die hier beobachtetn Wirbelspulenphänomene sind „selbstreferentiell": Teil-Systeme innerhalb eines Systems aus Teilsystemen bilden eine Struktur[15]. In Abb.2 schneidet ein Auftriebsaggregat eine fünfgängige Wirbelspule in ein stehendes Fluid. Die Bewegungsrichtung ist von rechts nach links. Die Wirbelspule im Modell ist finit. Und sie ist kaskadiert. Genau dieserart Wirbelspulen erwarten wir bei einem Simulationsmodell einer (bilogischen) Wirbelspule, im Nachgang des Segelflugs eines Greifvogels. Die fünfgängige Auffingerung der Flügelschwinge wir beisielsweise beim roten Milan beobachtet. Die schematische Darstellung (links im Bild) zeigt die Berechnungsergebnisse in der „Seele" der fluidmechanischen Wirbelspule.

Anmerkung: Weil das Modell nur „endliche Wirbelsysteme" ermittelt, zeigt der linke Rand der Simulationsergebnisse ein „Auslaufgebiet der Stömung" um und vor allem in der fluidmechanischen Wirbelspule. Das Induktionsmodell weist dem Inneren des Wirbelspulensystems eine

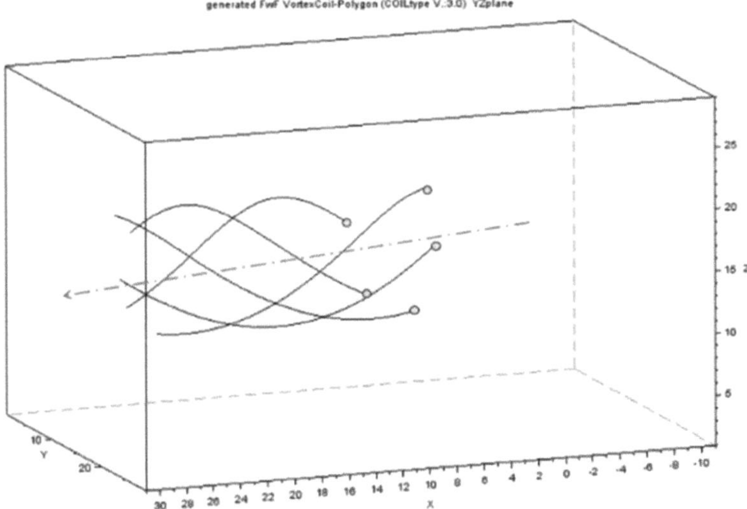

beschleunigte Strömung zu. Im Entstehungsgebiet der (in diesem Beispiel kaskadierten) Wirbelspule wird eine Strömung zunächst aus der Umgebung in die zentrale Strömung konzentriert, um dann mit einer hohen Geschwindigkeit[16] das Innere des Wirbelmantelsystems zu durchströmen. Die beschleunigte Strömung im Kern der Wirbelspule ist „rotorfrei!" Über die Stabilität von Form und Gestalt fluidmechanischer Wirbelspulen kann an dieser Stelle lediglich spekuliert[17], im Sinne einer Phänomenologie, also: von aussen beobachtet werden. Andere spiralige Systeme, wie beispielsweise Lundgrenwirbel[18], die als Teilsystem Karmanscher Wirbelstraßen[19] auftauchen, weisen eine enorme Robustheit (heute gerne Resilienz!) gegenüber Störungen aus ihrer Umgebung auf. Das Lundgren-System dort weist dabei eine Besonderheit auf: es verhält sich – ähnlich der Spirale einer Uhrfeder – elastisch. Auf eine Störung von aussen, reagiert das Wirbelsystem mit einer Reformation. Dies wird gedeutet als eine Zurückbewegung auf eine Form geringerer innerer Energie (ähnlich einer Murmel in einem Sandloch). Dieses Rückfedern ist keinenfalls verwunderlich, sondern typisch für konservative Systeme[20]. Verwunderlich ist allenfalls, dass gerade ein sehr vitales System, wie ein etwa Wirbelfilament, konservativ sein soll. Vom Lundgrenwirbel wird vermutet, dass er in der Lage sei (sprich: konservativ in der Lage) Energie zu speichern. Wird der Wirbelkörper deformiert, verzerrt oder verdehnt, sorgt eine ihm inhärente, gespeicherte Energie dafür, dass er „zurückfedert" in eine (glückliche,) stabile Ruhelage. Das legen theoretische Untersuchungen nahe und genau dies deckt sich mit phänomenologischen Beobachtungen am Karmannschen System. Die Frage, ob ein ähnliches Erklärungsmodell für die Stabilität fluidmechanischer Wirbelspulen gefunden werden kann, werden wir zu einer anderen Zeit beantworten. Notwendig wäre – für einen ersten Hub - eine experimentelle Untersuchung über in ein stehendes Fluid geschnittener fluidmechanischer Wirbelspulen.

Modelle

Das Berechnungsmodell setzt die Beziehungen - die sich aus der allgemeinen Feldtheorie herleiten - in einem stark vereinfachenden Lösungsansatz um. Die geometrischen Beziehungen im Berechnungsraum folgen einem generalisierenden Dimensionenmodell $[M,L,T]$[21] aus Längeneinheiten LE. Kern der fluidmechanischen Berechnungen im Feld ist die Geschwindigkeitsinduktion nach dem Gesetz von Biot und Savart das aus der Elektrodynamik stammt und verallgemeinernd der Potentialtheorie (reibungsfreier) Fluide dient[22]. Eine Dimensionen-Tabelle der im Modell auftauchenden Größen befindet sich im Anhang.

Das Induktionsmodell nach der Feldtheorie besagt, dass jeder finite Abschnitt in einem fadenförmigen Wirbelfilament Quelle einer Impulsinduktion an jedem Ort im Feld ist. Das ist in

Abb.3 schematisch dargestellt (Lemma 0). Für die analytische Untersuchung des Induktionsgeschenehens ist beispielsweise von Bedeutung, welchen Beitrag (irgendein) Quellsystem auf die Strömung ausübt, die sich im Innern der Wirbelspule aufbaut (Aufpunkt: A_n). Entscheidend für die Selbstorganisation der Wirbelstruktur ist das Induktionsgeschehen an Punkten im Feld, die selbst Elemente einer Formation aus Quellen sind. An diesen Orten wird abgelesen, wie das System „selbstreferentiell" auf seine Form und seine Verformung wirkt (Aufpunkt: A_{n-1}). Das Wirbelfadensystem „organisiert" das Feld! (Aufpunkt: A_{n+1}).

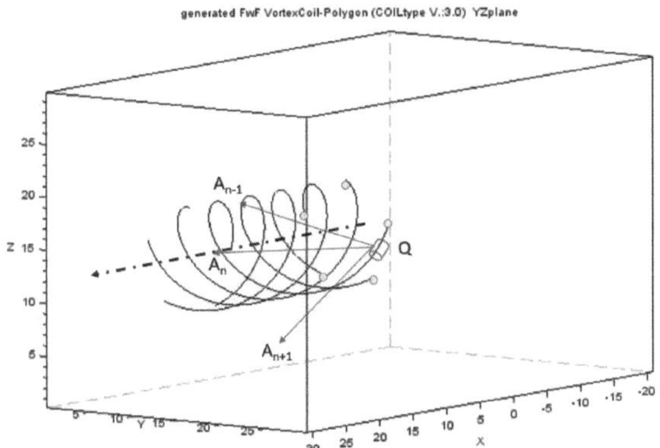

Abb.3: mode5WSP: Alle Punkte im Feld sind Aufpunkte der Impulsinduktion. Jeder Quellpunkt Q auf einem Wirbelfaden erreicht jeden Aufpunkt im Feld.
Beispiel: Punkt (A_{n-1}): E Wirbelfaden3, Punkt (A_n): E Symmetrieachse der WSP, Punkt (A_{n-1}): irgendwo. Achsenlegende: Längeneinheiten, LE.

Vermutung über ein dynamisches Bewegungssystem bei fluidmechanischen Wirbelspulen.

Hierzu evaluieren wir die Simulation einer fluidmechanischen Wirbelspule mit einem feldtheoretischen Modell. Die Strömung sei reibungsfrei (im Sinne potentialtheoretischer Strömungsmodelle nach dem Gesetz von Biot und Savart).

Im Idealfall ist die fluidmechanische Wirbelspule ein zentralsymmetrisches System. Die Wirbelfäden bilden ein mantelförmiges System um eine gemeinsame (Wirbelspulen-) Seele aus. Betrachten wir diese Wirbelspule, so sehen wir die Wirbelspule aus Wirbelfäden selbst, einen inneren Bereich, der wie eine Art Schlauch dargestellt werden kann und ein eher unbeteiligtes äußeres Umfeld, das wie ein „Wirkungskontext" fluidmechanischer Wirbelspulen wahrgenommen wird. Die Wahrnehmungserfahrung aus der (experimentellen) Vergangenheit legen den Schluss nahe, dass Wirbelspulensysteme im Nachlauf einer potenten Störkontur stationäre Wirbelsysteme ausbilden könnten. Dies ist die Lehre der Windkanalexperimente am FG Bionik und Evolutionstechnik der TU Berlin in den 80er und 90er Jahren.

Theoretische Überlegungen und Experimente mit numerischen Simulationsprogrammen legen (heute) die Vermutung nahe, dass ein bewegtes, Auftrieb erzeugendes Aggregat, eine zwei- oder mehrgängige Wirbelspule in ein ruhendes Feld „ablegt" und dieses Wirbelsystem eine schraubenförmige Rotation ausführt. Die Rotationsbewegung der n Wirbelfäden erfolgt um eine zentrale Seele, der Symmetrieachse der n-gängigen fluidmechanischen Wirbelspule. Am bewegten Entstehungsort der Wirbelspule werden aus der Umgebung Fluidelemente in ein trichterförmiges Mündungsgebiet beschleunigt, um dann durch das mantelförmige Wirbel-mantelsystem „gefördert" zu werden. Betrachten wir die Ergebnisse der numerischen Simulation in Abb.2. Das mantelförmige Wirbelspulensystem (1) rotiert und hat (2) eine (System-) Geschwindigkeit über Grund. Das Wirbelspulensystem bewegt sich von seinem Entstehungsort (im ruhenden Feld) fort. Die vom Wirbelspulenmantel gekapselte Strömung kann eine Geschwindigkeit besitzen (über Grund), die größer ist, als die Systemgeschwindigkeit des Mantelsystems. (3) In einem reibungsfreien potentialtheoretischen Modell ist die Innenströmung immer rotorfrei. Dies deckt sich mit experimentellen Messergebnissen am (relativistischen) Strömungskanal. Die Aussagen (1,2,3) leiten sich aus der Auswertung der Graphik in Abb.4 her.

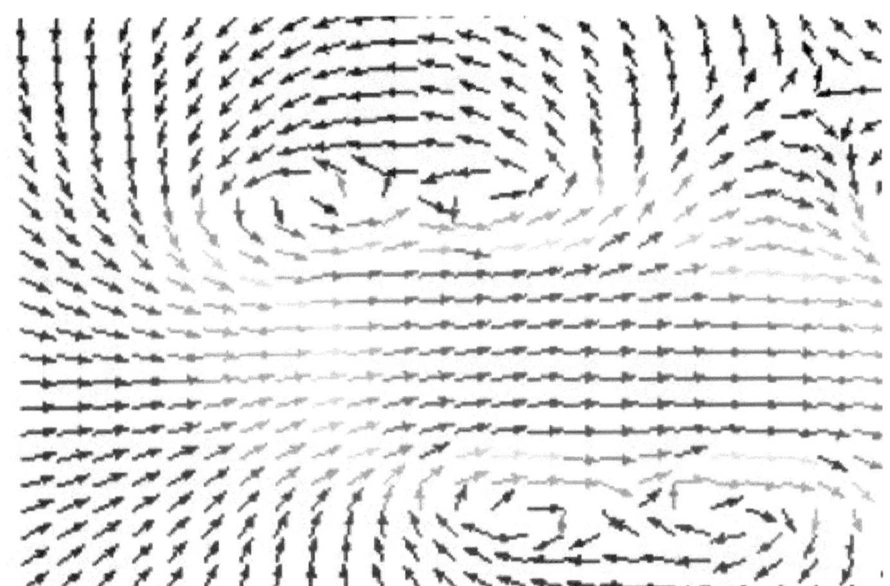

Abb. 4: Strömungskonzentration einer fluidmechanischen Wirbelspule in einem stehenden Feld. Wir sehen: In einem unbewegten Feld (links im Bild) wird in einer fluidmechanischen Wirbelspule die Strömung „konzentriert"! Die Strömung im Innern der Wirbelspule besitzt ein höheres Niveau als seine Umgebung.

Die in einem Wirbelspulensystem beschleunigte Strömung nimmt relativ zum ruhenden Fluid eine relativ hohe Geschwindigkeit an. Die Einlaufströmung in das Wirbelmantelsystem ist trichterförmig (links im Bild). Um das Wirbelmantelsystem ist eine örtliche Rückströmung zu beobachten, die aber nicht weitreichend in das mantelförmige System wirkt. Es ist davon auszugehen, dass das Gesamtsystem wie ein lokaler „Strömungskonzentrator" im stehenden Feld angelegt ist. Die fluidmechanische Vermutung über die Strömung in einer (fluid-mechanischen) Wirbelspule lautet:

Wirklichkeit: In einem stehenden Fluid konzentriert eine fluidmechanische Wirbelspule eine rotorfreie Strömung. Die Wirbelspule selbst ist in Bewegung. In einer reibungsfreien Betrachtung und Ansicht (Feldtheorie) verharrt die dynamische Wirbelspule rotierend in einem stehenden Feld. Im Kern der Wirbelspule wird eine rotorfreie Strömung induziert.

Realität: In einem stehenden Fluid erleidet die fluidmechanische Wirbelspule entropische Prozesse. Allmählich kommt es zum Erliegen der Rotationsbewegung der fluidmechanischen Wirbelspule. Und zu einem Erliegen der Förderung von Fluidmasse durch das mantelförmige Wirbelspulensystem.

Schlusssatz: Fluidmechanische Wirbelspulensysteme organisieren das Feld. Werden Wirbelspulen in einem ruhenden Feld „abgesetzt" und wird dem Beobachter eine Strömungskonzentration aus der (fluidmechanischen) Ruhelage gewahr, so ist dieses fluidmechanische Phänomen und Ereignis durchaus spektakulär. Fluidmechanische Wirbelspulensysteme, die in stehenden, fluidischen Feldern eine Strömung organisieren sind bislang in der Natur nicht beobachtet worden. Theoretische Modelle auf der Basis der Feldtheorie über fluidmechanische Wirbelspulen, legen aber den Schluss nahe, dass es in einem stehenden Feld in der Umgebung (der Wirbelspulen) zu einer Strömungskonzentration kommt und dass in diesen mantelförmigen Wirbelgebilden kinetische Energie umgesetzt wird. Dies weist hin auf Wirbel-Bewegungs-Gebilde, die in der (belebten) Natur bislang nicht beobachtet wurden, obwohl die herrschenden Phänomene eindeutig dem biologischen Vogelflug zugeordnet werden.

Die Erforschung der physikalischen Grundlagen fluidmechanischer Wirbelspulen scheitert in den 90er Jahren in einem besonderen Masse an der Frage ihrer kommerziellen und wirtschaftlichen Verwertbarkeit. In diesem Zusammenhang ist die aus meiner heutigen Sicht unglückliche Rolle des damaligen Forschungsministers in dieser Sache zu benennen[23]. Heute, 30 Jahre später, ordnen wir die verwaisten Fäden eines damals verlorengegangenen Gewebes neu. Das fluidmechanische Geschehen um und in fluidmechanischen Wirbelspulen soll zukünftig Gegenstand sein, experimenteller Untersuchungen und numerischer Analysen. Leider zeichnet das Forschungsgeschehen eine andere Spur. Untersuchungen an fluidmechanisch wirksamen Wirbelspulen besitzen im rezenten Wissenschaftsreigen keinerlei Bedeutung. Sie sind bestenfalls „lustig" und besitzen einen lediglich nostalgischen, vielleicht akademischen Wert. Wenn überhaupt. In diesem Sinne verweise ich auf eine zukünftige, wenig- oder nichtwissenschaftliche Forschung auf diesem Gebiet. Wir sind dabei!

Anhang A

Größe	Symbol	Einheit	Dimension	Beispiel
Längen	$s,\ \Delta s,\ t,\ b$	[m]	L	
Flächen	$A,\ \Delta A$	[m²]	L^2	$A = t \cdot b$
Volumen	$V,\ \Delta V$	[m3]	L^3	$V = s \cdot A$
Zeit	t	[s]	T	
Frequenz, Wirbelstärke	ω	[1/s]	T^{-1}	
Geschwindigkeit	$c,\ u,\ v,\ w$	[m/s]	$L \cdot T^{-1}$	$v = s / t$
Zirkulation	Γ	[m²/s]	$L^2 \cdot T^{-1}$	$\Gamma = s \cdot b / t$
Beschleunigung	a	[m/s²]	$L \cdot T^{-2}$	$a = v / t$
Masse	m	[kg]	M	$m = \rho \cdot V$
Kraft	F	[N]	$L \cdot T^{-1}$	$F = m \cdot a$
Druck	p	[N/m²]	$M \cdot L^{-1} \cdot T^{-2}$	$p = F / A$
Energie	E	[J]	$M \cdot L^2 \cdot T^{-2}$	$E = F \cdot s$
Impuls	j	[kg m / s]	$M \cdot L \cdot T^{-1}$	$j = m \cdot v$
Spezifischer Impuls	$\hat{\jmath}$	[m / s]	$L \cdot T^{-1}$	$\hat{\jmath} = j / m$
Leistung	P	[W]	$M \cdot L^2 \cdot T^{-3}$	$P = E \cdot t$
Dichte	ρ	[kg/m³]	$M \cdot L^{-3}$	$\rho = m / V$
Kin. Viskosität	ν	[m²/s]	$L^2 \cdot T^{-1}$	

Anhang B

Verwendete Graphiken und Abbildungen.

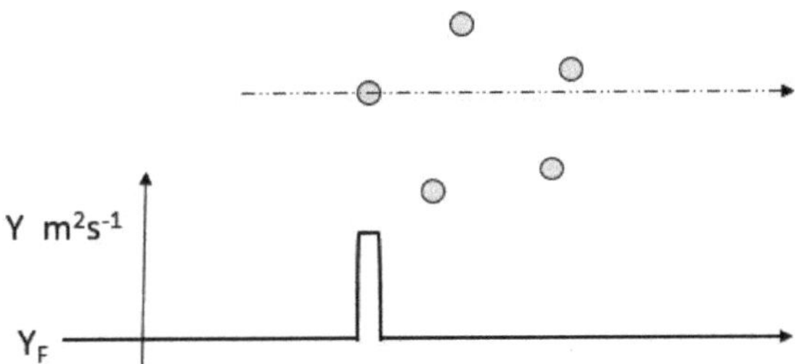

Abb. 1: Der Gradient einer Zirkulation über den Querschnitt einer fluidmechanischen Wirbelspule mit „fünf" Wirbelfäden.

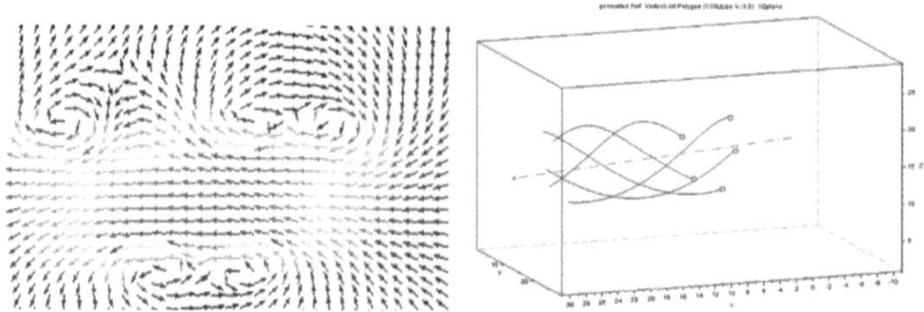

Abb: 2: Eine finite fünfgängige Wirbelspule, die kaskadiert angefacht wird (rechts im Bild) in schematischer Darstellung. Das Strömungsbild in der Ebene der Seele der Wirbelspule (aus einer Simulation mit dem Prg.-System Vinduz).

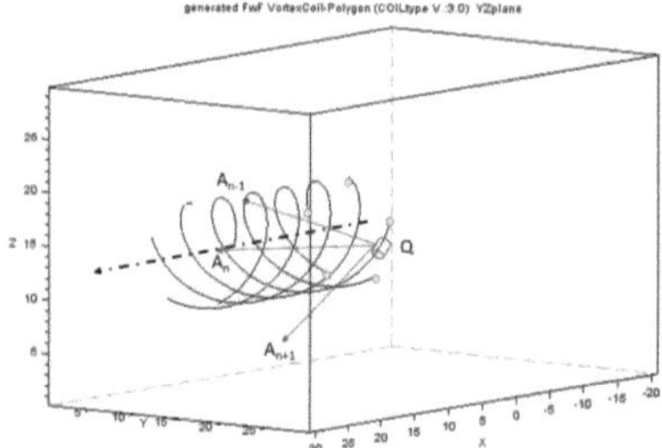

Abb.3: mode5WSP: Alle Punkte im Feld sind Aufpunkte der Impulsinduktion. Jeder Quellpunkt Q auf einem Wirbelfaden erreicht jeden Aufpunkt im Feld. Beispiel: Punkt (A_{n-1}): E Wirbelfaden3, Punkt (A_n): E Symmetrieachse der WSP, Punkt (A_{n-1}): irgendwo. Achsenlegende: Längeneinheiten, LE.

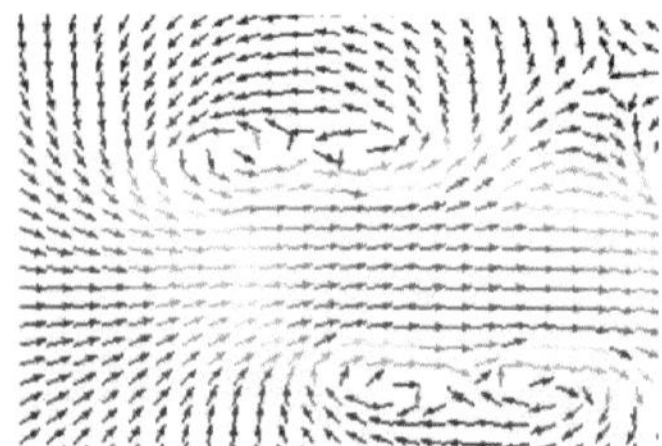

Abb. 4: Strömungskonzentration einer fluidmechanischen Wirbelspule in einem stehenden Feld. Wir sehen: In einem unbewegten Feld (links im Bild) wird in einer fluidmechanischen Wirbelspule die Strömung „konzentriert"! Die Strömung im Innern der Wirbelspule besitzt ein höheres Niveau als seine Umgebung.

Bibliographie, Quellen und weiterführende Literatur

[Abbo-59]   Ira H. Abbott, Albert E. von Doenhoff: Theory of Wing Sections: Including a Summary of Airfoil Data. Dover Publications, New York 1959.

[DUB-95]   Dubbel, Handbuch des Maschinenbaus, Springer Verlag Berlin, 15.Auflage 1995.

[Eppl-90]   Richard Eppler: Airfoil Design and Data. Springer, Berlin, New York 1990.

[Fel 21-1]   Felgenhauer, Mi. (2021). Zur fraktalen Natur synthetischer Lundgren-Strukturen. On the fractal nature of synthetic Lundgren structures. GRIN-Verlag GmbH München, ISBN(e-Book):9783346346193, VNR: v987098

[Fel-20]   Felgenhauer, M. (2020) Die Verteilung von Induktionswirkungen Lagrange Kohärenter Objekte. Zur Topographie und Kondition von Geschwindigkeits-feldern. GRIN Verlag, München. ISBN 9783346142146

[Fel - 19-2]   Felgenhauer, Mi. (2019) BIONIK UND DIGITALE BILDVERARBEI-TUNG. Laterale Inhibition und Aktivierung. Grin Verlag München, ISBN(e-Book) 9783668874541, ISBN(Buch): 9783668874558

[Fel 19-6]   Felgenhauer, Mi. (2019)Über Wirbelschleifen, das Gesetz von Biot und Savart und komplexe Potentiale. About Vortex Loops. ISBN(e-Book 9783668920361, ISBN(Buch): 9783668920378

[Hal-10]   G. Haller. (2010) A variational theory of hyperbolic Lagrangian Coherent Structures. Physica D: Nonlinear Phenomena,240(7):574–598,2010.

[Hal-00]   G. Haller, G.Yuan Lagrangian coherent structures and mixing intwo-dimensional turbulence, Division of Applied Mathematics, Lefschetz Center for Dynamical Systems, Brown University, Providence, RI 02912, USA Received 11 February 2000;

[Hal-21] 1.   G. Haller, N. Aksamit & A.P. Encinas Bartos, Quasi-objective coherent structure diagnostics from single trajectories arXiv:2101.05903 (2021)

[Hal-00] Haller, G., Yuan, G., Lagrangian coherent structures and mixing in two-dimensional turbulence Physica D.,147 (2000) 352–370.

[HAL-01] Haller, G., Distinguished material surfaces and coherent structures in 3D fluid flows. Physica D149 (2001) 248-277.

[HAL-05] Haller, G., An objective definition of a vortex. J. Fluid Mech.,525 (2005) 1–26.

[HAL-16] Haller, G., Dynamically consistent rotation and stretch tensors from a dynamic polar decomposition. J. Mechanics and Physics of Solids,80 (2016) 70-93.

[HAL-13] Haller G., Beron-Vera F. J., Coherent Lagrangian vortices: the black holes of turbulence., J. Fluid Mech.,731 (2013) R4.

[HAL-16] Haller, G., Hadjighasem, A., Farazmand, M. and Huhn, F., Defining coherent vortices objectively from the vorticity. J. Fluid Mech. 795 (2016) 136-173.

[HAL-20] Haller, G., Katsanoulis, S., Holzner, M., Frohnapfel, B. and Gatti, D., Objective barriers to the transport of dynamically active vector fields J. Fluid Mech. 905 (2020) A17.

[HAL-15] Haller, G., Lagrangian coherent structures. Ann. Rev. Fluid Mech. 47 (2015) 137-162

[Kar-35]   Karman von,T. Burgess J.M. (1935) General aerodynamic theory: perfect fluids, In Aerodynamic Theory vol. II (cd. W. F. Durand), p. 308. Leipzig: Springer Verlag.

[Katz-01]   Joseph Katz, Allen Plotkin (2001) Low-Speed Aerodynamics (Cambridge Aerospace Series) Cambridge University Press; 2 edition (February 5, 2001)

[Kra-86]   Krasny, R. (1986) Desingularization of Periodic Vortex Sheet Roll-up. Courant Instirute oJ' Mathematical Sciences, New York Unioersity, 251Mercer Street, Nen, York, New York 10012, received November 15, 1981; revised July 25, 1985

[Kreb-08-2] Krebber, B.: "i-mech". Untersuchung der intelligenten Mechanik von Fischflossen mit Hilfe von FSI- Simulation. Forschungsbericht der Technischen Fachhochschule Berlin 2007/08

[Kreb-08-1] Krebber, B., H.-D. Kleinschrodt und K. Hochkirch: (2008) Fluid-Struktur-Simulation zur Untersuchung intelligenter Mechanik von Fischflossen. ANSYS Conference & 26. CADFEM Users´ Meeting,

[Lech-14]   Lecheler, S. (2014) Numerische Strömungsberechnung Springer Verlag Berlin Heidelberg. ISBN 978-3-658-05201-0

[Lun-82]   T. S. Lundgren, T.S. (1982) Strained spiral vortex model for turbulent fine structure, The Physics of Fluids 25, 2193 (1982); https://doi.org/10.1063/1.863957

[Mof-84]   Moffatt, K.H. (1984) Simple topological aspects of turbulent vorticity dynamics In: Turbulence and Chaotic Phenomena in Fluids, ed. T. Tatsumi (Elsevier) 223-230.

[Scha-13]   Schade, H. (2013) Strömungslehre. De Gruyter Verlag. ISBN-13: 978-3110292213

[Sun-16]   Sun,P.N., Colagrossi, A. Marrone, S. , Zhang, A.M, (2016) Detection of Lagrangian Coherent Structures in the SPH framework.

[Tham-08]   Siekmann, H.E., Thamsen, P. U. (2008) Strömungslehre Grundlagen, Springer Verlag Berlin Heidelberg. ISBN 978-3-540-73727-8

[Zie - 72]   Zierep, J. (1972) Ähnlichkeitsgesetze und Modellregeln der Strömungslehre.

Anmerkungen:

---

[1] Die Wirbelsätze, die Hermann von Helmholtz um 1859 formuliert hat, waren zu seiner Zeit fundamentale Voraussetzung jeglicher Theorien und praktischer Untersuchungen.:

Erster Helmholtz'scher Wirbelsatz:
In Abwesenheit von wirbelanfachenden äußeren Kräften bleiben wirbelfreie Strömungsgebiete wirbelfrei.

Zweiter Helmholtz'scher Wirbelsatz:
Fluidelemente, die auf einer Wirbellinie liegen, verbleiben auf dieser Wirbellinie. Wirbellinien sind daher materielle Linien.

Dritter Helmholtz'scher Wirbelsatz:
Die Zirkulation entlang einer Wirbelröhre ist konstant. Eine Wirbellinie kann deshalb im Fluid nicht enden. Wirbellinien sind geschlossen, buchstäblich unendlich oder laufen auf den Rand.

Der erste Wirbelsatz bedeutet, dass sowohl die Zirkulation längs der Randkurve einer Fläche, die ganz auf dem Mantel einer Wirbelröhre liegt, verschwindet als auch, dass die Zirkulation verschiedener Querschnitte einer Wirbelröhre gleich ist. Der zweite Wirbelsatz besagt, dass Wirbelröhren zugleich Stromröhren sind, Wirbel an Materie (Fluid) anhaften und drittens, Teilchen, die einmal eine Wirbellinie gebildet haben, dies auch weiterhin tun (Kohärenz). Der dritte Wirbelsatz fordert die zeitliche Konstanz der Zirkulation in einer (und um eine) Wirbelröhre. Die Seele dieser Wirbelröhre ist eine imaginäre räumliche Linie mit Quellpunkten, die in den Aufpunkten im Feld Wirkungen induzieren. Die Induktionswirkungen können mit Hilfe des Biot-Savart-Gesetzes bestimmt werden. Die Helmholtz'schen Wirbelsätze sind seit hundertfünfzig, die spezielle Feldtheorie seit zweihundert Jahren bekannt.

[2] Eine offensichtliche extensive Größe ist das Groschengeld in einem Sparschwein. Das Geld kann bilanziert werden und es gelten Erhaltungssätze. Es geht etwas hinein in das Schwein und es geht etwas heraus, wenn der Enkel zu Besuch kommt. Auch das Prinzip „Geld-Ware-Geld" im Sinne von Marx ist also ein extensiver Prozess. Hier zugunsten des Geldes und im Gegensatz zu W-G-W. Bilanzen und Erhaltungssätze gelten für abzählbare Dinge, die der Frage nach InPut und OutPut zugänglich sind: Energie, Geld, Masse, Impuls, Ladung, Volumen, Fläche, Länge und Zeit!

[3] Die Dichte eines Mediums ist die Masse pro Volumen. Der Druck ist die Kraft pro Fläche. Temperatur ist die Energie pro Masse. Intensive Größen sind nicht superponierbar.

[4] Eine Theorie Lagrange Kohärenter Strukturen (LCS) wurde in den frühen 2000er Jahren am Lefschetz Center for Dynamical Systems der Brown University, später an der ETH Zürich, dort am Department of Mechanical and Process Engineering, entwickelt. Das Akronym LCS (Lagrange Coherent Structures) stammt von Haller
& Yuan (2000)11. Heute ist offensichtlich, dass der im englischsprachien Raum bevorzugte Begriff der „fluidischen Wirbelfilamente" die Grundidee der „Lagrange Kohärente Systeme (LCS)" impliziert, interessanterweise aber die Methoden ihrer elementaren Beschreibung scheut. Vielleicht rührt es daher,

dass die Schule der Lagrange Kohärenten Systeme in ihren frühen Jahren bereits über jene numerischen Mittel verfügte (CFD einerseits, Methoden der Mustererkennung und Bewertung mit Finite-time Lyapunov Exponenten, FTLE12 andererseits), die die Abkehr von der Potentialtheorie in einer erstaunlichen
Euphorie über die Macht der naturwissenschaftlichen Simulation (natürlicher) Phänomene feierte.
Nach: Mi. Felgenhauer (2022): Modelle und Simulation synthetischer Wirbelspulen.

[5]Ljapunow-Exponenten beschreiben dabei
die Geschwindigkeit, mit der sich zwei benachbarte Punkte im Strömungsraum
voneinander entfernen oder annähern. Ein Feld aus FTLE enthält also Merkmale
von Kohärenz (von Strukturen und Oberflächen) in dynamischen Szenerien. Das
Verfahren wurde entwickelt für Messdaten aus der realen Welt, funktioniert
prinzipiell aber auch in der artifiziellen Welt der Simulationen. Eine Forschergruppe um Sun und Colagrossi formulierte (2016) die FTLE-Methode im Kontext
einer Smoothed Particle Hydrodynamics-Simulation44

https://ifd.ethz.ch/research/group-haller.html ... develops nonlinear dynamical systems methods to solve
complex problems in applied science and engineering. We specialize in divising analytical and numerical
techniques for problems with nonstandard features: high-dimensional, strongly nonlinear, time-dependent or
multi-scale. Prof. George Haller (Group Lead), Institute of Mechanical Systems, ETH Zürich.

Ljapunow-Exponent eines dynamischen Systems (nach Alexander Michailowitsch Ljapunow). Pro Dimension
des Phasenraums gibt es einen Ljapunow-Exponenten, die zusammen das sogenannte Ljapunow-Spektrum
bilden. https://de.wikipedia.org/wiki/Ljapunow-Exponent

Sun,P.N., Colagrossi, A. Marrone, S. , Zhang, A.M, (2016) Detection of Lagrangian Coherent Structures in the
SPH framework, College of Shipbuilding Engineering, Harbin Engineering University, Harbin 150001, China;
CNR-INSEAN, Marine Technology Research Institute, Rome, Italy; Ecole Centrale Nantes, LHEEA Lab. (UMR
CNRS), Nantes, France.

[6] S. Endlich, A. Nicolis, R. Rattazzi and J. Wang, (2011) The Quantum mechanics of perfect fluids," JHEP 1104, 102

[7] 25 J. CASEY & P. M. NAGHDI (1991) On the LagrangianDescriptionof Vorticity, in: Arch. Rational Mech. Anal. 115 (1991) 1-14. Springer-Verlag.

[8] Die Bewegungsgleichungen wurden 1834 von William Rowan Hamilton angegeben. Sie zeigen, dass alle Bewegungsgleichungen, die aus einem Wirkungsprinzip folgen, mit dazu äquivalenten hamilton'schen Bewegungsgleichungen formuliert werden können. Mit den hamilton'schen

Bewegungsgleichungen untersucht man insbesondere integrable und chaotische Bewegung und verwendet sie in der statistischen Gasdynamik.

[9] Die dreidimensionale Behandlung eines Wirbels ist prinzipiell durch die Verwendung von finiten Wirbelliniensegmenten mit konstanter Stärke möglich. Das soll auch für synthetische Fluids within Fluid-Phänomene, deren Erzeugendensysteme nicht diskutiert werden und verborgen bleiben, gelten. Prandtls Ansatz erweist sich sobald als sehr leistungsfähig für unsere Aufgabenstellung; in der Analysepraxis der Aerodynamik wird das Verfahren der Wirbelliniensegmente zur Modellierung des Flügels oder des Nachstroms verwendet. Hier also soll das Verfahren der „finiten Wirbelliniensegmente" auf Fragestellungen der fluidmechanischen Geschwindigkeitsinduktion durch Lagrange Kohärente Fluids within Fluid angewandt werden. Dazu wird ein finites Wirbelliniensegment FwF betrachtet, das von einem Punkt im Feld P1 nach P2 führt. P1 und P2 begrenzen das (eindimensionale) Wirbelliniensegment und sind nach unserer bisherigen Vorstellung Quellpunkte entlang eines FwF-Fadens.
Es interessieren uns wie schon in den vor-angegangenen Überlegungen die Wechsel-wirkungen an den Aufpunkten an jeder Stelle des Feldes; und speziell die an diesem Ort durch das Wirbelsegment induzierte Geschwindigkeit.
Ein entsprechender ähnlicher Berechnungsansatz befindet sich im Anhang dieses Aufsatzes. Der Vergleich mit dem hier dargestellten Ansatz der finiten Wirbelliniensegmente FwF, ist deshalb sehr interessant, weil er die Geschichte eines komplexen Potentials erzählt, nach und nach die Verhältnisse erörtert um letztendlich auf das Gesetz von Biot und Savart zu führen, dem in der Elektrodynamik vielzitierten speziellen Ansatz einer ansonsten allgemeinen Feldtheorie, allerdings dort zuallermeist für den ebenen, zweidimensionalen Fall. In unserer Erzählung ist der Satz von Biot und Savart das Startsignal zur Analyse Lagrange Kohärenter FwF-Wirbelfäden. Leiten wir nun nachfolgend die durch ein gerades Wirbelliniensegment induzierte Geschwindigkeit auf der Grundlage des Biot-Savart-Gesetzes her.
Die induzierte Geschwindigkeit im Feld ist kumulativ; somit betrachten wir den Induktionsbeitrag eines jeden Segments des Lagrange Kohärenten FwF-Wirbelfadens das ein produktiver Bereich der kontinuierlichen Wirbellinie ist. Wir werden später, bei der Bilanzierung des Feldes auf die Formulierung „den Induktionsbeitrag eines jeden Segments" zurückkommen und feststellen, dass die Betrachtung des akkumulierten Impulses „um" einen Lagrange Kohärenten FwF-Wirbelfaden die Beschreibung eines Brutto- und eines Netto-Inhaltes des Feldes erforderlich macht. Diese Kompensation hat nichts mit den aus der technischen Mechanik bekannten reellen und imaginären Anteilen der örtlichen Geschwindigkeit und ihrer Komponenten vx, vy und vz des oben zitierten Ansatzes nach Prandtl, Kutta und Joukowski und den holomorphen Funktionen der Gaußschen Zahlenebene gemein .
Jedes Wirbelsegment ist finit und soll eine beliebige Orientierung im dreidimensionalen (x,y,z)-Raum besitzen. Eine Induktionswirkung ist demnach pfadabhängig, die Zirkulation sei konstant. Die durch dieses Wirbelsegment induzierte Geschwindigkeit hat lediglich tangentiale Komponenten. Das Gesetz von Biot und Savart liefert für ein Wirbel-segment konstanter Zirkulation die induzierte Geschwindigkeit□□vi.

$$\square v = (\square/4/\square) \cdot ((ds \times r) / r3)$$

Die induzierte Geschwindigkeit □vi ist ein Beitrag zu der (am Ende einer mathematischen Prozedur) kumulierten Größe im Feld. Die Simulation der Fluids within Fluid Phänomenologie fußt auf einem nu-merischen Iterationsmodell, für das wir hier die theoretischen Voraussetzungen erarbeiten. Wir haben in diesem Zusammenhang oben von einer „Impulsforderung" gesprochen, die das Feld an ein ebendort existierendes FwF erhebt. Diese Art Argumentation funktioniert natürlich nur, wenn die Geschwindigkeit an jedem Ort im Feld neben den Anfangsrandbedingungen des fluidischen Modells auch jene kumulativen Anteile an jedem Ort, an jedem Aufpunkt, enthält.

Wir suchen die in das Feld induzierte Geschwindigkeit vi = (u,v,w) an einem Aufpunkt A(x,y,z). Die Komponenten (u,v,w) sind die Geschwin-digkeitskomponenten an einem Aufpunkt (x,y,z) im Feld. Für das FwF-Objekt wird nunmehr nicht nur ein singulärer Quellpunkt identifiziert, sondern von einem finiten FwF-Segment mit der Länge ds aus-gegangen. Das FwF-Objekt besitzt die konstante Zirkulation ▫▫und ist richtungsbehaftet. Die Richtung folgt aus der Position der beiden Enden der finiten Quelle Qn und Qn+1, so dass die Punkte P1 und Pn+1 identifiziert werden.

Wenn das Wirbelsegment FwF von Punkt P1 nach Punkt P2 reicht, kann die induzierte Geschwindigkeit v1-2 an einem beliebigen Aufpunkt A ermittelt werden durch die Gleichung:

v1-2 = (▫/4/▫) · ((r1 x r2)·rA)/ |r1 x r2|2) · ((r1/r1) - (r2/r2))

Das ist insofern relevant, weil wir später im numerischen Modell die Quellpunkte separat, also komponentenabhängig ansprechen werden. Behalten sie also die vektorielle Größe r und die Komponenten von r an jedem Ort im Feld, also r: (ru,rv,rw), im Auge. In unserem fordernden Feld verorten wir das finite, eindimensionale Teilsystem über eine Anfangs- und einen Endpunkt an den Rändern des Submodells.

Dieses Ansinnen hat nicht nur Vorteile. An den Rändern des finiten Abschnitts ds und den dortigen Punkten P1 und P2 werden die vektoriellen Produkte unübersichtlich. Für die numerische Berechnung im kartesischen System, in dem die (x, y, z)-Werte der Punkte P1, P2 und dem Aufpunkt A gegeben sind, kann die Geschwindigkeit in folgenden Schritten berechnet werden. Wir berechnen die vektori-ellen Produkte der Komponenten:

(r1 x r2)x =   (yA − y1) · (zA − z2) -   (zA − z1) · (yA − y2)
(r1 x r2)y = - (xA − x1) · (zA − z2) + (zA − z1) · (xA − x2)
(r1 x r2)y =   (xA − x1) · (yA − y2) + (yA − y1) · (xA − x2)

Im Nenner finden wir den Absolutwert des Vektorprodukts zu den Randpunkten des finiten FwF-Objekts:

|r1 x r2|2 = (r1 x r2)x2 + (r1 x r2)y2 + (r1 x r2)z2

Wir berechnen die vektoriellen Abstände r2 und r2

r1 = ((xA − x1)2 + (yA − y1)2 + (zA − z1)2)0.5
r2 = ((xA − x2)2 + (yA − y2)2 + (zA − z2)2)0.5

Wir danken an dieser Stelle den Autoren Katz und Plotkin , deren grundlegendes Werk außerordentliche Hinweise zur Berechnung im Feld und zur Lösung induzierter Wirkungen in einem fluidischen Raum liefert. In dieser, unserer euler'schen Betrachtungsweise und spätestens bei der numerischen Umsetzung untersuchen wir das gesamte Feld nach induzierten Geschwindigkeiten ebendort. Auch die Punkte, die selbst Quellen sind und deren direkte Nachbarschaft, hier sind die Abstände r2 und r2 sehr klein oder null, sind natürlich von Interesse.

Somit sollten alle Orte im Feld auf dieserart Kumulationsbedingungen geprüft werden. Vergessen wir nicht: die Wirbellösung ist singulär, wenn der Aufpunkt A auf dem Wirbel liegt. Hier ist eine besondere numerische Behandlung in der Nähe des Wirbelsegments erforderlich, im Modell und vulgär: wir lassen den Nenner nicht null werden.

Dass diese „Pivot-Bedingung" nicht immer funktioniert, eben weil wir nicht wissen, was in einem skalierten System der Begriff „nahe Null" bedeuten mag, werden wir in den Modellrechnungen wieder und wieder sehen und erleben. Nun gut, so sind wir zumindest vorgewarnt.

Und arbeiten im numerischen Modell mit dem Pivot-Element � und schränken die Kalkulation ein:

falls: (r1 oder r2 oder |r1 x r2|2)< �   folgt: = u = v = w =0;

Berechnen des Skalarprodukts (ra· rb):

(rA ·   r1) =   (x2 − x1)·(xA − x1) + (y2 − y1)·(yA − y1) + (z2 − z1)·(zA − z1);
(rA ·   r2) =   (x2 − x1)·(xA − x2) + (y2 − y1)·(yA − y2) + (z2 − z1)·(zA − z2);

und Beschreiben des etwas langwierigen Terms:

������� (����|r1 x r2|2) ((rA r1) / r1) - (rA r2) / r2))

und finden letztendlich die Komponenten der induzierten Geschwindigkeit in einem Aufpunkt A:

u = ��(r1 x r2)x
v ��� (r1 x r2)y
w = � (r1 x r2)z

in euler'schen Koordinaten ebendort. Der numerische Kern ist der Term, den wir in das Simulationsmodell übernehmen:

�x,y,z ��� ((rA · r1) / r1) - (rA · r2) / r2) / (4 � |r1 x r2|2)) | x,y,z

[10] Zur „Fluids within Fluid" Phänomenologie
Thoughts on a FwF-Phenomenology Michel Felgenhauer, Berlin im Winter 2022

[11] Autopoiesis oder Autopoiese (altgriechisch αὐτός autos, deutsch ‚selbst' und ποιεῖν poiein „schaffen, bauen") ist der Prozess der Selbsterschaffung und -erhaltung eines Systems.
In der Biologie stellt das Konzept der Autopoiesis einen Versuch dar, das charakteristische Organisationsmerkmal von Lebewesen oder lebenden Systemen mit den Mitteln der Systemtheorie zu definieren. Der vom chilenischen Neurobiologen Humberto Maturana geprägte Begriff wurde in der Folge seiner Veröffentlichungen aufgebrochen und für verschiedene andere Gebiete wissenschaftlichen Schaffens abgewandelt und fruchtbar gemacht.

Das Konzept der Autopoiesis ist eine Teilmenge des allgemeiner gültigen ontologischen Konzepts der emergenten Selbstorganisation. Das Gegenteil ist Allopoiesis

[12] Artifizielle Autopoiesis. Poiesis, die Fähigkeit oder Befähigung schöpferisch zu sein sollte fortan nicht alleine den Wesen „zugebilligt" sein, sondern auch Maschinen, Algorithmen oder schlechthin künstlichen Strukturen und Systemen zugeschrieben werden. Wenn sie es denn besaßen: Schöpferkraft.

[13] Wenn ich heute (2022) meine Bücher durchgehe und einen halben Regalmeter Literatur zur Chaostheorie durchforste, auf der Suche nach „sich selbst organisierenden Wirbelstrukturen" bin ich konfrontiert von einer immer wiederkehrenden Litargie von Mandelbrotmengen Lorenz-Attraktoren und fraktalen Dimensionen „begrenzter Art und Vielfalt. Peitgen, Haken, Feigenbaum, warum habt ihr euch vom Acker gemacht?

[14] In dieser Zeit kamen kommerzielle Produkte der Strömungssimulation auf den Markt. Aus heutiger Sicht waren es genau diese „Produkte", der Chaos-Theorie einen gewissen Schaden zufügten. In den 90er und in den 00er Jahren war man bemüht, die numerischen Modelle weiter und weiter zu verfeinern und auf weitere Fragestellungen zu konditionieren. Die Themen der Chaos-Theorie hatten den Nachteil, weniger an der Realität, als vielmehr an einer physikalischen Wirklichkeit interessiert zu sein: an einer physikalischen Wechselwirklichkeit. Die numerische Strömungssimulation, vornehmlich die Finite Volumen Verfahren und später (sogar) die gitterlosen SPH-Verfahren verfolgten das Ziel einer möglichst getreuen Abbildung der Realität in numerischen Modellen. Die Lösung dieser Aufgabe war so gewaltig, dass sie alle Aufmerksamkeit alleine auf die Kongruenz der Mess- und der Berechnungsergebnisse auf sich zog.
Das Problem dabei: für einen Naturwissenschaftler ist der Job erledigt, wenn das numerische Modell den realen Fall approximiert. Im Gestaltungsbereich, also im Ingenieurwesen und im Design und auch in den Informatik-Wissenschaften (die vormals nur als eine Art Hilfswissenschaften gesehen wurden) ist das genau der Moment und der Ort, an dem die eigentliche Arbeit erst beginnt. Die Themen und Fragestellungen der Chaos-Theorie lagen zu dieser Zeit (80er und 90er Jahre) nahezu vollständig in den Händen der Naturwissenschaftler. Nur Freaks und Computer-Nerds, die damals noch anders hießen (Brillen?) und verwirrte Ingenieure (diese nannten sich überdies auch noch „Ingenieurkünstler) bildeten genau den hoffnungslosen Schaum der damaligen Forschungs-Szene, der sich eine Erklärung der vielen oder auch wenigen unverstandenen Dinge in der belebten und in der unbelebten Natur erhoffte, aus der Chaos-Theorie.
Während also Naturwissenschaftler und (übergelaufene Ingenieure) nach der Wahrheit und der Realität in dieser Welt und ihrer numerischen Bestätigung durch numerische Modellen aus der CFD-Welt suchten, geriet auf der anderen Seite der Wissenschaft die Chaos-Forschung auf einen Abhang, dessen Ende am Ende niemanden mehr interessierte.
Ich bin so froh, dass wenigstens Mitchel Feigenbaum* im Film „Jurassic Park I" ** unsterblich wurde mit dem Satz (gesprochen von Jeff Goldbloom***): „die Natur findet einen Weg". Lieben Dank dafür. *Mitchell Jay Feigenbaum (* 19. Dezember 1944 in Philadelphia, Pennsylvania; † 30. Juni 2019 in New York City) war ein US-amerikanischer Physiker und Pionier in der Chaosforschung. Er gilt als Entdecker der Universalität der Periodenverdopplung. https://de.wikipedia.org/wiki/Mitchell_Feigenbaum
**Jurassic Park ist ein Science-Fiction- und Abenteuerfilm von Steven Spielberg aus dem Jahr 1993. Die Handlung beruht auf dem Roman DinoPark (Originaltitel: Jurassic Park) von Michael

Crichton, der zusammen mit David Koepp auch das Drehbuch zu dem Kino-Thriller schrieb. ***Im Juni 2018 bekam Goldblum den 2638. Stern auf dem Hollywood Walk of Fame. Also wenigstens dies!
Als „Kind" der Chaos-Theorie der 80er Jahre betrachte ich diese – aus einer eher abgebrühten und dennoch kindlichen Sicht – als eine Art Werkzeug. Die Chaos-Theorie behandelt heute weniger das Chaos, als vielmehr den Weg aus dem Chaos. Den Weg aus einer Unstruktur hin zu einem geordneten Etwas! All is done!

[15] Strukturen sind dadurch gekennzeichnet, dass sie aus wiederkehrenden gleichen oder sehr ähnlichen Teilsystemen bestehen.

[16] In Windkanalexperimenten werden Geschwindigkeiten v_{WSP} im Innern der fluidmechanischen Wirbelspule die gegenüber der „anfachenden" Strömung am Windkanalaustritt v_∞ dreifache Werte annehmen: $v_{WSP} > 3\ v_\infty$! Je nach „Qualität" der Wirbelspule. In Laborexperimenten (in den 80er und 90er Jahren) an den Windkanälen des FG Bionik und Evolutionstechnik der Technischen Universität Berlin wurden immer wieder Versuche unternommen, die Leistungsfähigkeit synthetischer Wirbelspulen zu optimieren. Ab einer bestimmten Geschwindigkeit, nicht deutlich über der $v/v_\infty = 3$, implodierte das Wirbelsystem. Wir erklärten die Destruktion des Wirbelspulensystems mit dem enormen Druck-Gradienten der im Zentrum der Wirbelspule herrscht $c_P = 1- (v_{WSP}/v_\infty)^2$ in Zusammenhang. Die einzige Möglichkeit, die Kondition der Wirbelspulen zu verbessern, bestand entweder in Einbauten, beispielsweise Repellern, die der Strömung Energie entziehen oder in einer Vergrößerung der Durchmesser der Wirbelspulen.
Siehe hierzu auch Ausführungen zur Berliner Windkraft Anlage BERWIAN. Ein Windkonzentrator ist als Vorrichtung bekannt, mit der Wind auf die Rotorfläche eines Windgenerators (Kleinwindkraftanlage) gebündelt wird. Dennoch kann damit die vom Betzschen Gesetz vorgegebene Hürde, dass maximal 59 Prozent der im Wind enthaltenen translatorischen Energie in rotatorische Energie umgewandelt werden kann, nicht umgangen werden. https://de.wikipedia.org/wiki/Windkonzentrator

[17] Spekulation, von lat. *speculari* spähen, beobachten; von einem erhöhten Standpunkt aus in die Ferne spähen.

[18] Felgenhauer, Mi. (2020). Synthetische Lundgren-Wirbel und Lagrange Kohärente Objekte. GRIN-Verlag GmbH München, ISBN(e-Book): 9783346276841, ISBN (Buch): 9783346276858, VNR: V922760

[19] Als Kármánsche Wirbelstraße bezeichnet man ein Phänomen in der Strömungsmechanik, bei dem sich hinter einem umströmten Körper gegenläufige Wirbel ausbilden. Die Wirbelstraßen wurden von Theodore von Kármán erstmals 1911 nachgewiesen und berechnet. https://de.wikipedia.org/wiki/Karmansche_Wirbelstrasse. Experimente dazu führte schon Henri Bénard um 1908 aus. Kármánsche Wirbelstraßen können sich beispielsweise hinter Inselgruppen bilden, die hoch aus dem Meer ragen. Die Turbulenzen sind dann auf Luftaufnahmen als riesige Wolkenstrukturen erkennbar, siehe die Satellitenaufnahme rechts. Hinter einem zügig mit der Hand durch die Luft bewegtem Räucherstäbchen ist eine Kármánsche Wirbelstraße ähnlich der Abbildung oben rechts zu beobachten. Weitere Beispiele sind das Pfeifen von Freileitungen bei starkem Wind oder das Geräusch einer geschwungenen Gerte.

[20] Konservative Kräfte sind in der Physik Kräfte, die längs eines beliebigen geschlossenen Weges (Rundweg) keine Arbeit verrichten. An Teilstrecken aufgewendete Energie wird an anderen Strecken wieder zurückgewonnen. Das heißt, die kinetische Energie eines Probekörpers bleibt ihm am Ende erhalten.
Beispiele konservativer Kräfte sind zum einen solche, die wie die Gravitationskraft oder Coulombkraft des elektrischen Feldes durch konservative Kraftfelder (s. u.) vermittelt werden, zum anderen aber auch Kräfte wie z. B. Federkräfte, die nicht durch Kraftfelder im eigentlichen Sinn vermittelt werden. Da einer konservativen Kraft ein Potential zugeordnet werden kann, kann die Kraft nur vom Ort abhängen und nicht wie z. B. dissipative Kräfte von der Geschwindigkeit. https://de.wikipedia.org/wiki/Konservative_Kraft

[21] In einem Größensystem drückt die Dimension einer physikalischen Größe deren qualitative Eigenschaften aus. Im dazugehörigen Einheitensystem entspricht jeder Dimension eine kohärente Einheit. Diese dient zum Ausdruck der Eigenschaften aller Größen der zugehörigen Dimension. Den Dimensionen von Basisgrößen entsprechen also die Basiseinheiten.
Die Tabelle zeigt die Dimensionen der sieben Basisgrößen des internationalen Größensystems sowie die entsprechenden Basiseinheiten des zugehörigen internationalen Einheitensystems (SI) gemäß der 9. Auflage der sog. SI-Broschüre*.

Basisgröße	Größensymbol	Dimensionssymbol	Basiseinheit	Einheitenzeichen
Zeit	t	T	Sekunde	s
Länge	l	L	Meter	m
Masse	m	M	Kilogramm	kg
El. Stromstärke	I	I	Ampere	A
Temperatur	T	Θ	Kelvin	K
Stoffmenge	n	N	Mol	mol

SI-Broschüre: Le Système international d'unités, 9e édition, 2019, BIPM(engl., frz.)
Auszug: https://de.wikipedia.org/wiki/Dimension

[22] Die Strömung eines Fluids (Flüssigkeit oder Gas) ist eine Potentialströmung, wenn das Vektorfeld der Geschwindigkeiten mathematisch so geartet ist, dass es ein Potential besitzt. Das Potential kann man sich anschaulich als die Höhe in einer Reliefkarte vorstellen, wo dann die Richtung der größten Steigung in einem Punkt der dortigen Geschwindigkeit entspricht. Ein solches Potential ist in einem homogenen Fluid vorhanden, wenn die Strömung rotationsfrei (wirbel- bzw. vortizitätsfrei) ist und keine Zähigkeitskräfte (Reibungskräfte) auftreten oder diese vernachlässigbar klein sind. Jede aus der Ruhe heraus beginnende Strömung eines homogenen, viskositätsfreien Fluids besitzt ein solches Potential.
Eine Potentialströmung ist der rotationsfreie Spezialfall der Strömung eines homogenen, viskositätsfreien Fluids, das durch die Euler'schen Gleichungen beschrieben wird; diese gelten auch für Strömungen mit Rotation (Wirbelströmung). Wenn jedoch bei Scherbewegungen die Zähigkeit berücksichtigt werden muss, wie z. B. in Grenzschichten oder im Zentrum eines Wirbels, so ist mit den Navier-Stokes-Gleichungen zu rechnen.

Potentialströmungen können als sehr gute Näherung von laminaren Strömungen bei niedrigen Reynolds-Zahlen verwendet werden, wenn die fluiddynamische Grenzschicht an den Rändern der Strömung keine wesentliche Rolle spielt. In der stationären Potentialströmung inkompressibler Fluide gilt die bernoullische Druckgleichung global, die technische Rohrströmungen gut beschreibt. Wegen ihrer einfachen Berechenbarkeit werden Potentialströmungen auch als Anfangsnäherung bei der iterativen Berechnung der Navier-Stokes-Gleichungen in der numerischen Strömungsmechanik verwendet. https://de.wikipedia.org/wiki/Potentialströmung

[23] Am 4. Oktober 1982 wurde Prof. Riesenhuber als Bundesminister für Forschung und Technologie in die von Bundeskanzler Helmut Kohl geführte Bundesregierung berufen. Mit 46 Jahren war er seinerzeit der jüngste Bundesminister. Bei einer Kabinettsumbildung schied er am 21. Januar 1993 aus dem Kabinett aus. Zu spät, möchte ich* anmerken. In seine Zeit fiel die Förderung des Transrapids und der Growian und die ersten CASTOR-Transporte. Seit 1989 findet dort jeden Sonntag das Gorlebener Gebet statt; bis heute. In Prof. R's Amtszeit fiel außerdem die Beendigung zahlreicher Förderlinien kluger, aber leider zu kleiner, alternativer Energieanlagen. Klein war seine Sache nicht.
*der Autor. Die persönliche Antipathie gegenüber Herrn R. entstammt einer ebenso persönlichen Begegnung und Debatte am FG Bionik und Evolutionstechnik der TU Berlin. Die persönliche Antipathie gegenüber dem Herrn Harbeck (Habeck, Haarbeck, Harbek, H-Beck, ich weiß es nicht) entstammt einer entfernteren aber durchaus vitalen Angst gegenüber machtergreifenden Archetypen. Der deutschen Geschichte.

BEI GRIN MACHT SICH IHR WISSEN BEZAHLT

- Wir veröffentlichen Ihre Hausarbeit,
  Bachelor- und Masterarbeit

- Ihr eigenes eBook und Buch -
  weltweit in allen wichtigen Shops

- Verdienen Sie an jedem Verkauf

Jetzt bei www.GRIN.com hochladen
und kostenlos publizieren